BEI GRIN MACHT SICH IHR WISSEN BEZAHLT

- Wir veröffentlichen Ihre Hausarbeit, Bachelor- und Masterarbeit

- Ihr eigenes eBook und Buch - weltweit in allen wichtigen Shops

- Verdienen Sie an jedem Verkauf

Jetzt bei www.GRIN.com hochladen und kostenlos publizieren

Annette Köhler

Vulkanismus in Syrien und Basaltlandschaft im Süden

GRIN Verlag

Bibliografische Information der Deutschen Nationalbibliothek:

Die Deutsche Bibliothek verzeichnet diese Publikation in der Deutschen National-
bibliografie; detaillierte bibliografische Daten sind im Internet über http://dnb.d-
nb.de/ abrufbar.

Impressum:

Copyright © 2008 GRIN Verlag GmbH
Druck und Bindung: Books on Demand GmbH, Norderstedt Germany
ISBN: 978-3-640-17694-6

Dieses Buch bei GRIN:

http://www.grin.com/de/e-book/116173/vulkanismus-in-syrien-und-basaltlandschaft-
im-sueden

Auslandsexkursion Naher Osten- Syrien SS 08

Referentin: Annette Köhler

Ausgearbeitetes Referat

Vulkanismus in Syrien und Basaltlandschaft im Süden

Abbildungsverzeichnis

Abb. 01: Geologische Überschichtkarte Mittelsyrien (JUX, OMARA 1960 : 469)

Abb. 02: Plattentektonik Afrika- Arabische Platte (www.tulane.edu/~sanelson/ images/eafrica.gif)

Abb. 03: arabische Plattengrenzen und erloschener Hot Spot (Pichler 2007:Einband)

Abb. 04: Plattentektonik Nordsyrien (PHILIP, KARAKHANIAN 2001:33)

Abb. 05: heutige Regionen des Tethysgürtels (www.esrs.wmich.edu/index_files/tethys_anim.gif)

Abb. 06: Entwicklung der Tethys (Skript MÜLLER, A. Känozoikum)

Abb. 07: Schildvulkan, Schichtvulkan (Dolgoff 1996:191)

Abb. 08: Es Safa Vulkanfeld (http://www.mineralienatlas.de/lexikon/index.php/Vulkan/Syrien)

Abb. 09: Sekundärvulkan auf weiter Basaltebene des Harrat
        (www.sgs.org.sa/content/images/basalt_pic1.jpg)

Abb. 10: Überblick über Jordan-Grabenbruch und innersyrische Vulkanfelder
        (www.conradi-gmbh.com/werk/846_Indonesien.png)

Abb. 11: Karte mit syrischer Basaltlandschaft Hauran (SCHECK, ODENTHAL 2001:Einband)

Abb. 12: Umgebung des Drusenbergs (Scheck, Odenthal 2001:415)

Abb. 13: die Menschen im Hauran (www.pef.ndo.co.uk/EarlySyriaPages/IMAGES/1PEFPMA.jpg)

Inhaltsverzeichnis

Seite

Abbildungsverzeichnis   2

1. Einführung   4

2. Naturräumliche Grundlagen   5

3. Vulkanismus in Syrien   6
        3.1 Plattentektonik   6
        3.2 Magmengenese   10
        3.3 Erscheinungsformen   11

4. Basaltplateau im Süden (Hauran)   13
        4.1 Genese   13
        4.2 fruchtbares vulkanisches Land   14

5. Zusammenfassung   15

Literatur   16

Bilderanhang   17

1. Einführung

Syriens Landschaftsbild gliedert sich in den kleinen Küstenstreifen nordöstlich des Landes am Mittelmeer, einer langgestreckten Flussaue entlang des Euphrat und eines ausgedehnten Wüstengebietes. Diese ist überwiegend eine Fels- und Steinwüste (Hamada), gelegentlich durchzogen von feinen äolischen Ablagerungen. Kennzeichnend für solche Hamadas ist der hohe Anteil der physikalischen- mechanischen Prozessdynamik. Das unmittelbar anstehende Festgestein wird durch die ariden Extrembedingungen sehr gut zerkleinert und mit den Niederschlägen weiter verteilt. Feines Material mit kleinen Sandkorngrößen, welches durch den Wind weite Strecken transportiert werden kann, gibt es hingegen weniger. Der Grund hierfür ist die fehlende großflächige Ausdehnung der Landschaft. Das von Temperaturschwankungen bearbeitete Material liegt also nicht weit weg vom Ausgangsgestein, denn mit einer längeren Wegstrecke steigt die Bearbeitung in Form von Zerkleinerung und Material mit geringerer Korngröße kann über vielfältigere Weise weiter transportiert werden. Nun stellt sich die Frage, wo genau das Ausgangsgestein für die Syrische Stein- und Felswüste zu finden ist.

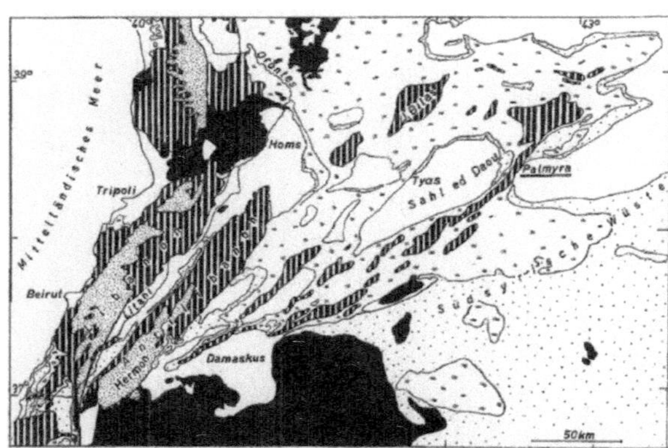

Abb. 1. Geologische Übersichtskarte von Mittelsyrien (nach L. DUBERTRET). Eng punktiert = Jura-Unterkreide; dicke senkrechte Striche = Cenoman-Turon; geschlängelte Doppelstriche = höhere Oberkreide; weit punktiert = Eozän-Oligozän; schwarz = Basalte; weiß = Jungtertiär und Quartär.

Quelle: JUX, OMARA 1960 : 469

Betrachtet man aufmerksam geologische Karten von Syrien, fällt sofort die große Basaltfläche im Süden (im nebenstehenden Bild schwarz gekennzeichnet) auf. Stellenweise sind diese Basalte auch in östlichen und nördlichen Gebieten zu finden. Diese Gesteine scheinen die östlich anschließenden Sedimente des Eozäns- Oligozäns und die im Norden des Landes stark verbreiteten Kalkformationen der höheren Oberkreide durchstoßen zu haben. Diese Basalte stammen aus kontinentalem Intraplattenvulkanismus, der seinen Auslöser in der Kontinentalverschiebung und dem Einfluss der Tethys hat. Seine Verwitterungsprodukte werden durch die regenreichen Westwinde in das Gebiet der Syrischen Wüste verteilt.

2. Naturräumliche Grundlagen

Syrien liegt im Vorderen Orient, auch als Naher Osten bezeichnet, auf der Arabischen Platte. Globaltektonisch gesehen heutzutage in einem ruhigen Gebiet, dass nur selten vulkanische Aktivitäten und Spannungsentladungen durch Beben der Lithosphäre zu spüren bekommt. Die letzten Ausläufer des Ostafrikanischen Grabenbruchs ziehen sich über eine Verzweigung den Jordangraben nördlich hinauf über die Syrische Senke bis ins östliche Taurusgebirge hinein. Entlang dieses Rifts (Grabenbruch) haben sich die Afrikanische und Arabische Platte auseinander bewegt. Entlang solcher divergierenden Plattengrenzen kommt es zur Ausbildung von Meeren. Der Boden wird gespreizt und durch die hervorgerufene Aufwölbung des oberen Mantels kann heißes Magma leicht die durch Dehnung rissige Kruste durchbrechen. Kennzeichnend hierfür sind großflächig ausfließende basaltische Lavasmassen. Die sauren Magmen, die eruptiv austreten und geschichtete Stratovulkane auftürmen sind in der Regel den Subduktionszonen bei konvergierenden Platten zuzuordnen. Die in Syrien vorzufindenden vulkanischen Gesteine sind basaltisch und treten an lang erloschenen Schildvulkanen in Erscheinung, die sich großflächig in die Ebene hin ausgebreitet haben.

Zudem lag das heutige Syrien mit der Arabischen Platte einmal im Wirkungsgebiet des Tethys Gürtels, die als Globusumspannendes Meer über diese Regionen verlief. Durch die starken Kleinplattenbewegungen wurde sie letztendlich verdrängt und hinterließ als das Mittelmeer, das Schwarze Meer, das Rote Meer und das Kaspische Meer als abgeschnürte Einzelgewässer.

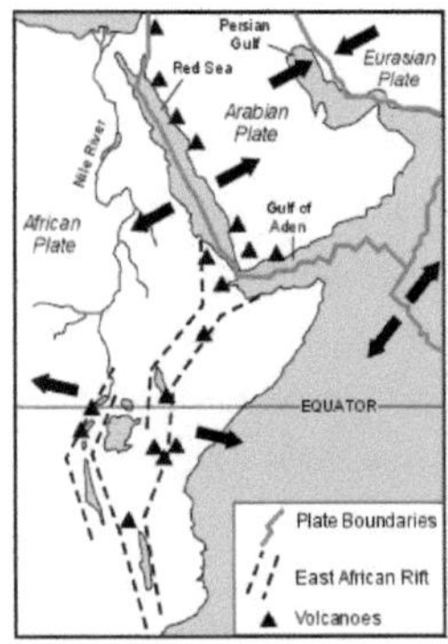

Abb. 02: Plattentektonik Afrika- Arabische Platte Quelle: www.tulane.edu

Die Zusammensetzung der in Syrien ausgetretenen Magmen ist relativ unterschiedlich, was auf langwierige und wechselnde Prozesse schließen lässt. Es wird von sogenannten Generationen in der Magmagenese gesprochen, die durch verschiedene Förderungstiefen der Schmelze und damit unterschiedliche Temperatur und Ausfällungsstufen gekennzeichnet ist.

Die allgemeine Annahme ist, dass auf Festland austretende Lava aus tieferen Lithospäreschichten stammt und ein saures Schmelzgemisch sei. Basische Schmelzen sind typisch für See-Floor- Spreading Regionen. In Syrien jedoch sind die heutigen Basaltebenen im Landesinneren. Deswegen ist die Klein-Plattentektonik Europas und des Vorderen Orients besonders wichtig zur Erklärung (KRIENITZ, HAASE 2006:698).

3. Vulkanismus in Syrien

Für einen Gesamtverständnis über Syriens kontinentalen Intraplattenvulkanismus muss man 170 Millionen Jahre zurück ins Mittlere Jura blicken. Dort wurden die Grundsteine für die Magmengenese und Lithosphärenentwicklung der Region gelegt.

Die jungen vulkanischen Gesteine, welche mehrere tausend Quadratkilometer des Landes bedecken, treten in fünf größeren Lavafeldern in verschiedenen Teilen der Region auf. Bisher gibt es nur wenige Veröffentlichungen von Forschungsarbeiten, die zufriedenstellende Modelle entwickeln konnten. Variationen der Aufschmelzprozesse und der Magmenquellen erschweren die schlüssige Interpretation, weil sie sich sowohl regional als auch im Verlauf der Zeit beobachten lassen. Der syrische Vulkanismus ist ein komplexer endogener Prozess mit vielen kleinräumigen Abweichungen. Im Folgenden soll sich dieser Problematik von den wichtigen Grundbausteinen her genähert werden.

3.1 Plattentektonik

In dem einführenden Teil Naturräumliche Grundlagen dieser Ausarbeitung wurde bereits erwähnt, dass sich Syrien auf der Arabischen Platte befindet, die sich in Divergenz zur Afrikanischen Platte bewegt. Ihre Grenze in der Lithosphäre ist als Riss (Rift, Grabenbruch) nachweisbar, der sich über den Grund des Roten Meeres über das Tote Meer den Jordangraben hinaufzieht. Dieses Rift hat seinen Ursprung am Ostafrikanischen Graben, wo die Lithosphäre circa 15 Millionen Jahre vor heute ausgedünnt und aufgewölbt wurde, durch einen darunter befindlichen Mantel plume. An dieser Stelle steigt vermehrt heißes Magma aus dem Mantel weit nach oben auf und schmilzt die Erdkruste von unten wie ein Bunsenbrenner auf. Diese wird dadurch elastischer und wölbt sich auf. Durch ihre Verformbarkeit ist sie auch anfällig für die Verschiebungen der Platten untereinander, die dies nur an solchen Schwächezonen ausüben können. Die aufgewölbte Lithosphäre zerreißt nun und ein System von Rifts breitet sich über die Erdkruste entsprechend der herrschenden Zugrichtungen hin aus. In diesem Fall lag der Ausgangspunkt am Afrikanischen Horn bei Somali und zog sich in drei Richtungen fort (triple junction). Die entstandenen Risse sind nun die neuen Plattengrenzen. An ihnen entlang kann das herauf quellende Magma leicht austreten und die auseinanderdriftenden Platten mit frischem Gestein versorgen, sodass trotz anhaltender Bewegung nur eine schmale Naht bleibt. Entlang tektonischer Gräben findet man also vermehrt vulkanische Aktivität. Die Rift- Systeme laufen meist auf ozeanischer Kruste entlang, da diese weniger robust ist. Bei interkontinentalen Riftsystemen bilden sich in den Senken zuerst See aus, die extreme Tiefen erreichen können und schließlich im Ab- und Zulauf miteinander verbunden werden, bis sie den Zugang zu einem

Ozean erreichen. Deswegen sind die Mittelozeanischen Rücken die Hauptbildungsorte (spreading centers) neuen Krustenmaterials. Ein Ausläufer dieses Riftgrabens zieht sich wie erwähnt durch das auf der Westseite Syriens liegende Tote Meer und die gesamte Linie des Jordangrabens hinauf bis in den Osttaurus. Es wurden hier vorwiegend basaltische Magmen gefördert, deren Zusammensetzung eine bestimmte Form des Austretens mit sich ziehen (DOLGOFF 1996:71).

An dieser Stelle sei noch erwähnt, dass es auf Syrischem Boden einen erloschenen Hot-Spot gab, der sich ähnlich einem Mantel plume durch die aufliegende erstarrte Erdkruste brennt. Die betroffene Aufstiegsstelle der durch erhöhte Konvektion aufgetriebenen Magmaströme ist jedoch entscheidend kleiner, fördert aber größtenteils basaltisches Magma. Mit dieser Erkenntnis scheint der scheinbare Widerspruch basaltischer Plateaus im Landesinneren Syriens zumindest ansatzweise logisch. Dies erlaubt auch die These auszuschließen, dass sich vom Jordan-Rift-Valley ein weiterer Abzweig nach Osten in die Arabische Platte gezogen hätte. Solche Formen bezeichnet man als failed arms, weil sie nicht weit dringen und lediglich zu ihrer Entstehungszeit basaltische Magmen entlang des Risses an die Oberfläche befördern. Die von einem zentralen Punkt ausgehenden Lavaströme ins Unland weisen zudem auf einen früheren Hot-Spot hin.

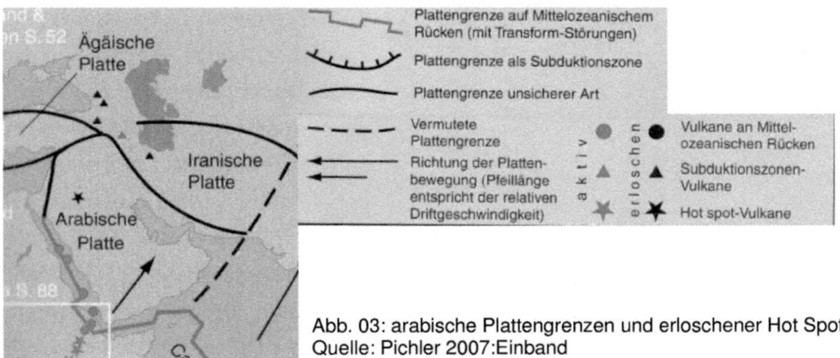

Abb. 03: arabische Plattengrenzen und erloschener Hot Spot
Quelle: Pichler 2007:Einband

Neben dem eben erklärten Vulkanismus gibt es im Norden von Syrien eine weitere aktive Zone, deren Charackter auf ganz anderen Verschiebungsprozessen beruht. Sie bildet zwar aufgrund des geringen Auftretens nur eine untergeordnete Rolle, soll aber zumindest angesprochen werden.

Vulkanische Aktivität lässt sich auch an konvergierenden Plattengrenzen wie hier im Bereich der Taurus- Kaukasus Region beobachten. Hier stoßen viele Mikroplatten aus unterschiedlichsten Richtungen zusammen und haben durch den Druck der Globaltektonik, also Afrikas Vordringen nach Norden gegen die Eurasische Platte, bereits enorme

Auffaltugen der Erdkruste im heutigen Gebiet des Kaukasus und Taurus geschaffen. Bei der Kollision von Platten wird die ozeanische Kruste meist unter die ältere, härtere Kontinentalkruste subduziert. Ebenso beim Aufeinandertreffen zweier kontinentaler Kusten, wo die jüngere unter die ältere abtaucht. Das bereits ausgehärtete Lithosphärenmaterial wird in die heiße Mantelzone vorgeschoben und durch die zunehmende Temperatur in einem Übergangsbereich aufgeschmolzen (NIEDEK, FRATER 2004:28).

Die darüber liegenden, teilweise aufeinandergeschobenen Grenzbereiche der Platten haben Störungslinien und Brüche. Das darunter gepresste nun geschmolzene Material gelangt unter Druck und strebt Richtung Erdoberfläche. An diesen noch durchlässigen Klüften im Kollisionsbereich wird das Magma nach oben gequetscht und tritt an der Erdoberfläche aus. Die Gesteinsschmelze ist völlig verschieden zusammengesetzt, je nach beteiligten Ausgangsgesteinen. Da ihr Weg von Schmelze zu Austrittsstelle verhältnismäßig kurz ist, sind viele chemische Reaktionen der enthaltenen Gase noch im Prozess. Das Magma ist also je nach Zeit und Quelle verschieden zusammengesetzt. Daher rührt die Variation der basaltischen Lava im Norden von Syrien, wo der Bildungsort näher an den konvergierenden Platten liegt.

In dem Dreiecksgebiet der östlichen Türkei, Amenien und Nordsyrien stoßen mehrere Platten der Erdkruste langsam aber unablässig gegeneinander. Die Störungszonen zu finden, ist meist sehr schwer, da bei solch alten und kleinräumigen Platten die Grenzen meist unter später aufgelagertem fluvialen oder äolischen Sediment verborgen. Rutschungen bei Erdbeben können sie ebenfalls verdecken (PHILIP, KARAKHANIAN 2001:33).

Abb. 04: Plattentektonik Nordsyrien
Quelle: PHILIP, KARAKHANIAN 2001:33

Die vielen kleine Plattenteile sind verschiedensten Charakters. Teils kontinentale Terrane, teils herausgehobener Meeresboden oder ozeanisch überprägte Kontinentalkruste. Sie stammen aber alle aus dem bis zum Tertiär von dem Tethysmeer geprägten Gebiet. Der Tehtysgürtel zog als warmer Strom durch das heute zusammengeschobene Eurasien und verband somit alle Wassermassen des Globus auf diesem Breitengrad. Die Tehtys war im späten Paläozoikum bis frühen Mesozoikum (mittleres Jura) ein großer Ozean, der Gondwana im Süden von Eurasia im Norden trennte. Seit dem Trias nahm die nordwärts gegen Eurasien gerichtete Bewegung Afrikas und Indiens zu. Die Tethys wurde immer mehr verdrängt und ehemaliger Meeresboden herausgehoben oder Schelfbereiche der großen Platten trockengelegt. Die Paratethys trug ab dem Neogen erheblich zur heutigen Konstellation bei. Es bildete sich eine verwirbelte Bewegung der durch die zunehmende Kollision entstandenen Bruchstücke. Letztendlich drehten sich die arabischen und asiatischen Teile seitlich an Europa heran und stauchten im Bereich des Kaukasus, Balkan, Taurus extrem zusammen. Afrika rückte soweit auf, dass die Meeresverbindung

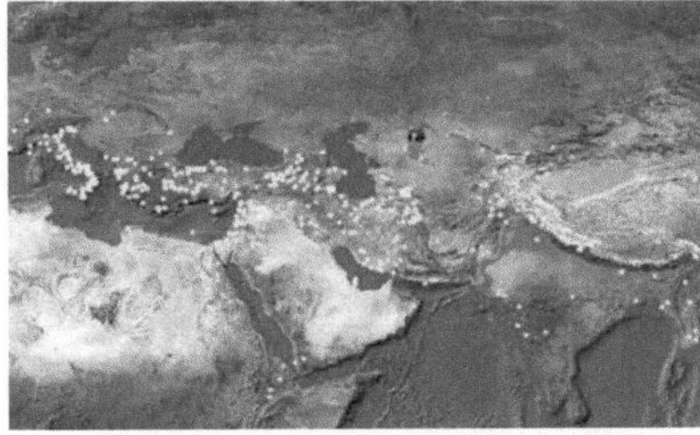

Abb. 05: heutige Regionen des Tethysgürtels
Quelle: www.esrs.wmich.edu

geschlossen war und die Überreste der Tethys zogen sich in noch vorhanden Senken wie das Mittelmeer, das Kaspische Meer und das Schwarze Meer zurück. Die umliegenden Plattenteile bewegen sich bis heute noch in diesem Muster aufeinander zu.

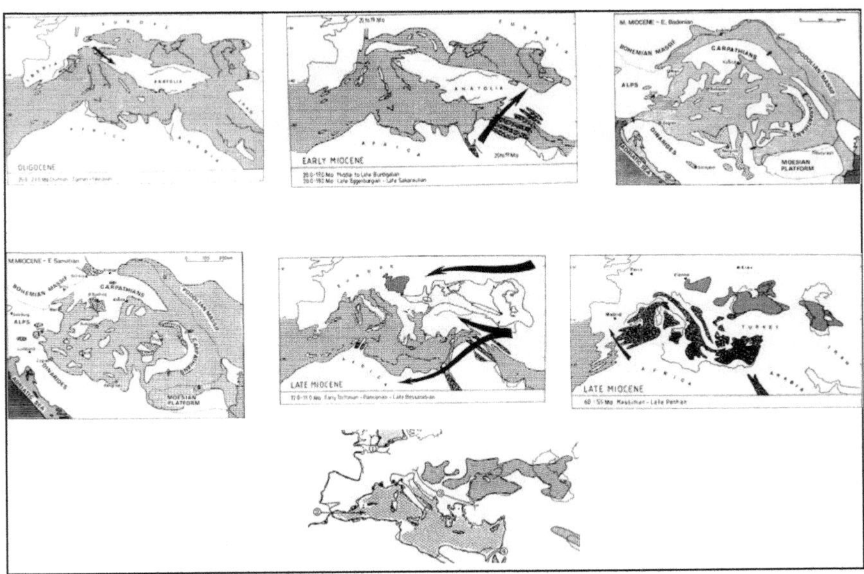

Abb. 06: Entwicklung der Tethys
Quelle: Skript Prof. Müller, Universität Leipzig

3.2 Magmengenese

Selbst innerhalb der basischen Magmen gibt es Unterschiede entsprechend der Einzelzusammensetzung. Das wichtigste Leitelement dabei spielt der Anteil an Siliciumoxid, welches die Viskosität der Magma bestimmt. Die Schwellenwerte typisch balsaltische Konsistenz liegen bei einem Prozentanteil von weniger als 52, ab dann ergibt sich eine Spannweite hin zu Andesiten.

Basisches Magma	Intermediär	sauer
basaltisch, dunkel	andesitisch	sauer, hell
dünnflüssig		zähflüssig, rhyolitisch,
effusiv, extrusive Förderung		explosiv
schnelles Ausfließen		langsam, schleudernd
gasreich		gasarm
geringer SiO2 Gehalt (<52%)	Mittlerer SiO2 Gehalt (52-65 %)	Viel SiO2 (>65%)
Schildvulkan		Schichtvulkan

Tabelle: Gegenüberstellung Merkmale chemisch verschieden zusammengesetzter Magmen (eigene Darstellung)

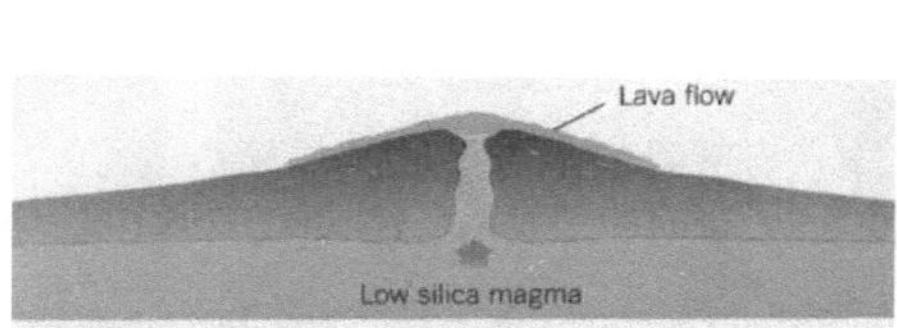

Abb. 07: Schildvulkan
Quelle: Dolgoff 1996:191

Schichtvulkan

Im Nordosten von Syrien sind diese basaltisch-andesitischen Übergangsformen vorzufinden und sie wurden auf ein Alter von 16 Millionen Jahren datiert, sind also im Langhium des Mittleren Miozäns entstanden.

Sobald an den Störungszonen altes, anderweitig gebildetes Gestein mit in den Aufschmelzprozess eingeht, kommt es zu einer lokalen und zeitlich beschränkte Veränderung. So wurden stellenweise an der Riftzone untypisch hohe Mengen an basaltischem siliciumreichen Magma gefördert. Während der Miozän- Pliozän Epoche bildeten sich vermehrt die Schildvulkane im Landesinneren von Syrien aus, die wahrscheinlich auf das durchstoßen des Hot Spots zurückzuführen sind. Die größte Austrittsstelle, die mit enormen Lavaströmen ein Basaltplateau gebildet hat, ist der heutige Drusenberg im Hauran (siehe Gliederungspunkt 4). Am Übergang vom Pliozän zum Pleistozän vor circa 3 Milliarden Jahren neigte sich die vulkanische Höchstaktivität in diesem

Gebiet ihrem Ausklang entgegen und es wird nur noch direkt an den großen Rifts frisches Gestein gebildet und die basaltischen Magmenplutone abseits des Rifts kühlen aus.

Bei basaltischen Lavaströmen unterscheidet man allgemein zwischen der Pahoehoe Lava (Fadenlava), bei der durch oberflächliche Abkühlung bereits die obere Schicht wie eine faltige Haut erstarrt und darunter die Schmelze weiterfließt und der Aa Lava (Blocklava), die eine stark zergliederte Oberfläche ausbildet und sich Blockweise übereinander staucht und bereits abgekühlte Segmente im Strom wieder herausbricht oder überfließt (DOLGOFF 1996:193).

Schildvulkane fördern durch einen Hauptschlot, selten einigen Nebenschloten, die bis zu 1100 °C heiße, dünnflüssige Schmelze aus dem Mantelbereich. Es gibt kaum Eruptionen oder Gas-und Staubwolken, sondern die Lava fließt in Strömen heraus und schichtet sich breitgefächert über darunter liegenden Schichten. So kann sich über viele hundert Ausbrüche ein gigantisches Feld vulkanischen Materials aufbauen. Diese Basaltplateaus können mächtige Schichtungsdicken erreichen. Ein Beispiel aus der größeren Dimension als die südsyrische Basaltebene sind die Deccan Traps, die der indischen Platte während der Kontinentaldrift nach Norden durch die Überquerung des Re-Union Hot Spot widerfahren ist.

3.3 Erscheinungsformen

Der größte anzutreffende Schildvulkankomplex im Süden von Syrien schuf ein Basaltplateau riesigen Ausmaßes. Die Landschaft des sogenannten Hauran wird im nachfolgenden Gliederungspunkt genau beleuchtet.

Weitere vulkanische Landschaftsformen, wie das Es- Safa Vulkanfeld, findet man zum Beispiel weiter östlich im auslaufenden Basaltgebiet zur syrischen Wüste hin.

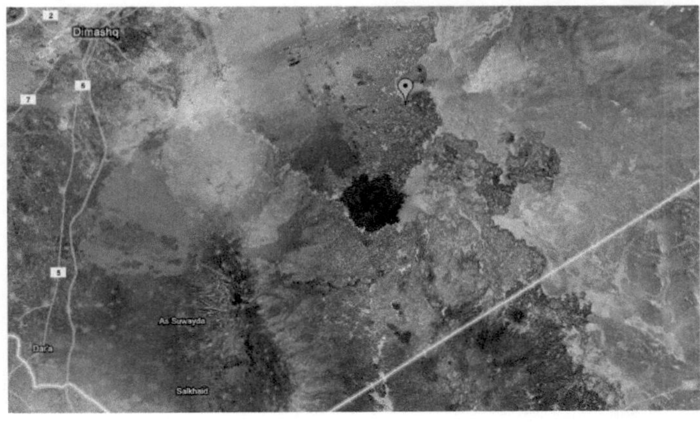

Abb. 08:
Es Safa Vulkanfeld
Quelle:
http://www.mineralien
atlas.de

Der Harrat al Harrah ist eine 1500 Quadratkilometer große Fläche von vielen hunderten kleinen Vulkanfeldern mit nach Nordwest gerichteter Neigung. Hier sind stellenweise auch Tuffablagerungen zu finden, was auf eruptivere Vulkane schließen lässt. Hier ist die vulkanische Aktivität seit dem Miozän vor 25 Millionen Jahren bis heute durch die Spreizung des Roten Meeres zu spüren. Es sind zahlreiche kleine Austrittskrater der Sekundärvulkane auf dem großen basaltischem Feld zu erkennen. Die pyroklastischen Trichter setzen sich wie Ausstülpungen auf die Ebene. Hervorgegangen sind sie aus bereits erkalteten Schloten des Schildvulkankomplexes, welche durch den noch gering aktiven Untergrund erneut angeregt wurden. Da sie sich von der Auflast der abgekühlten und im Schlot steckengebliebenen Schmelzreste befreien müssen, baut sich mehr Druck im Inneren auf und der Auswurf erfolgt explosiver.

Abb. 09:
Sekundärvulkan auf
weiter Basaltebene
des Harrat

Quelle:
www.sgs.org.sa

Das nebenstehende schematische Satellitenbild zeigt gut die aktive Riftzone entlang des Jordan- Grabenbruchs vom südlich gelegenen Roten Meer her kommend über das Tote Meer bis in das ferne Taurusgebirge hinein. Beidseitig des Rifts sind die Spreizungzonen zu erkennen, nördlich die emporgehobenen Golanhöhen und fast irreal wirkend die aus der syrische Ebene und Wüste aus der syrischen Ebene und Wüste herausstehenden Vulkanschilde.

Abb. 10: Überblick über Jordan-Grabenbruch und
innersyrische Vulkanfelder
Quelle: www.conradi-gmbh.com

4. Basaltplateau im Süden (Hauran)

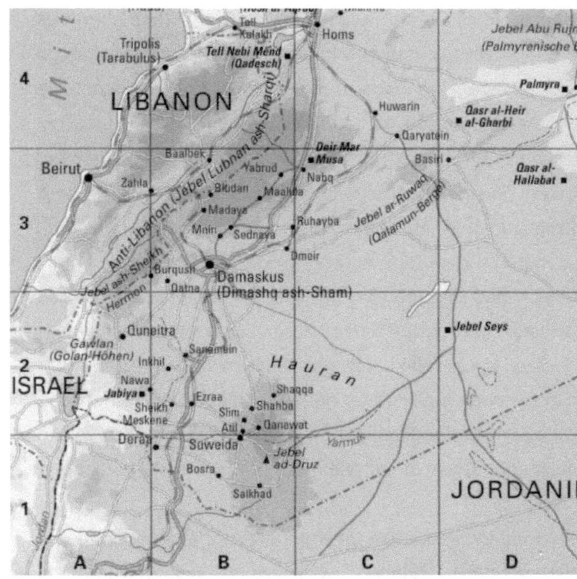

Abb. 11: Karte mit syrischer Basaltlandschaft Hauran
Quelle: SCHECK, ODENTHAL 2001:Einband

Im südlichen Landteil Syriens erhebt sich das vulkanische Massiv des Hauran mit dem Dschabal(Jebel) ad-Druz als Mittelpunkt. Die Berge erheben sich aus dem Flachland gleichmäßig ansteigend bis zu einer kegelförmigen Anhöhe von 1.800 Metern. Auf dem Rücken des Schildes finden sich zahlreiche kegelförmige Erhebungen vulkanischen Ursprungs. Der Hauran ist im weiteren Sinn die Gesamtheit der jungtertiären und quartären Vulkanlandschaften Südsyriens und Nordjordaniens.

4.1 Genese

Das basaltische Vulkangebiet ist wie bereits erwähnt durch großflächig ausfließende Lavamassen eines zentralen Schlotes und einiger Nebenschlote entstanden. Die zentralgelegene höchste Erhebung, der Jebel ad-Druz, wurde als Hauptschlot identifiziert.

Abb. 12: Umgebung des Drusenbergs
Quelle: Scheck, Odenthal 2001:415

Von ihm ausgehend strömten die dünnflüssigen basaltischen Lavamengen allseitig ins Umland. Das Förderungsgebiet baute sich schichtweise auf den ausgeflossenen und bereits erkalteten vulkanischen Gesteinsschichten auf, sodass die heutzutage typische Kegelform mit flach geneigten Flanken entstanden ist.

Diese Schildvulkanebene im Landesinneren ist durch Intraplattenvulkanismus entstanden, der auf einen aus dem Mantel austeigenden Hot Spot zurückzuführen ist. Die Fließfähigkeit (geringe Viskosität) der Magma ist nicht nur von einem geringen Kieselsäure Gehalt abhängig, sondern auch von der Temperatur beeinflusst. Heiße Lava fließt um ein vielfaches schneller und leichter und je dünnflüssiger sie ist, desto mehr Gase können ihr bereits im Schlot entweichen. Somit wird der sonst so fatale Druckausgleich bei Eruptionen schon im Vornherein kontinuierlich abgebaut. Die Austrittstemperatur ist außerdem der entscheidende Faktor, ob aus der basaltischen Schmelze Pahoehoe- Lava oder Aa- Lava wird. Die erstgenannte Faden- oder Stricklava entsteht nur bei sehr starker Erhitzung. Das ermöglicht nämlich ein homogenes Ausfließen und die in dünnen Schichten können schnell abkühlen. Es entstehen weite mit vulkanischem Gestein überzogene Flächen, die sich allmählich aufschichten. Eine solch starke Erhitzung und Aufschmelzung kann zum Beispiel durch einen kontinuierlichen Konvektionsstrom aus dem Erdmantel erfolgen. Ein Hot Spot hat fast durchgängig Kontakt zu diesem Bereich des Erdinneren. Hier liegt ein weiteres Indiz, dass der Vulkanismus auf der Syrischen Platte durch solch einen Magmaschlauch initiiert wurde. Sobald die Temperatur der Schmelze etwas sinkt, ist das Fließverhalten nicht mehr homogen. Bereits festere Lavabrocken werden aufeinander gehäuft, umspült, weitergerissen und letztendlich entsteht eine Landschaft aus scharfkantigen, unebenen Lavabrocken. Diese Form der Aa- Lava ist in Syrien jedoch sehr selten in der Nähe der Förderschlote vorhanden (PICHLER 1988:7).

Der Vulkanismus im Süden Syriens ist eindeutig mit den divergierenden Platten entlang des Roten Meer- Jordangrabens in Verbindung zu bringen. Im syrischen Inland wurde die Erdkruste dadurch insofern durch Ausgleichsdrücke betroffen, dass sich eine Austiegsstelle des heißen Mantelmaterials bis durch die untere Lithosphäre bahnen konnte.

Nordwestlich ist die wild zerklüftete Landschaft El-Ledschah vorgelagert, die aus einem gewaltigen Lavastrom entstanden ist. Mehr westlich liegt das Gebiet Nukra, das sehr fruchtbar ist und manchmal auch zum Hauran gerechnet wird.

4.2 fruchtbares vulkanisches Land

Vulkanische Gesteine bieten optimale Nähstoffbedingungen eines daraus entstehenden Bodens. Die Gegend des Haurans wird auch als „das schwarze Land des Basalts" bezeichnet. Einerseits weißt dieser Name auf die dunkle Farbe der basaltischen Vulkangesteine hin, andererseits auf die fruchtbaren dunklen Böden dazwischen. Das Basaltplateau kann gute Lehm- und Lössböden vorweisen, die von den mittelmeerischen regenführenden Winden erreicht werden. So ist der Wasserhaushalt der Böden in dem sonst ariden Gebiet mit wenig Flüssen trotzdem verhältnismäßig ausgeglichen (SCHECK, ODENTHAL 2201:13).

Die fruchtbaren basaltischen Verwitterungsböden des vulkanischen Tafellandes wurden bereits von den Drusen seit dem Altertum dicht besiedelt. Die Produktivität ist zwar durch die geringere flächenmäßige Ausdehnung und fehlende Flusswasserbewässerung nicht mit den Ackerbauebenen am Euphrat gleichzusetzen, kommt ihnen aber recht nah. Mit Weitsicht betrachtet ist dies vielleicht gar kein Nachteil für die südliche Region, da die naturräumlichen Gegebenheiten vor einer intensiven Ausbeutung der Flächen schützen. Sie werden von den ansässigen Bauern auf verträgliche, seit Jahrhunderten nachhaltige Weise genutzt.

Abb. 13: die Menschen im Hauran
Quelle: www.pef.ndo.co.uk

5. Zusammenfassung

Der Vulkanismus in Syrien ist in seiner Gesamtheit noch relativ unerforscht. Möglicherweise ist die fehlende Präsenz von Katastrophen daran beteiligt. Es gibt keine spektakulären Ausbrüche mit hohem Gefahrenpotential, da es sich größtenteils um basaltisches Magma handelt, dass durch Schildvulkane in die Ebene ausfloss. Die vulkanische Aktivität ist heutzutage kaum noch zu spüren und die geringe Besiedlung der Gegend fordert keine Schutzmaßnahmen durch lückenlose Aufklärung. Daher ist es schwierig, die aufwendigen und kostenintensiven Untersuchungen und Überwachungen des ehemaligen Vulkangebietes zu finanzieren, um des Wissens Willen.

Die bisherigen Erkenntnisse lassen auf einen komplexen Zusammenhang des Vulkanismus mit der hier wirkenden Plattentektonik schließen. Im Süden des Landes herrschen eindeutig basaltische Landschaften vor, die durch die divergierenden Plattengrenzen von Afrika und Arabien Mantelmaterial in Form von Hot Spot Vulkanismus schildartig aufgebaut wurden. Das große Basaltplateau des Hauran ist beispielhaft dafür.

Im Norden gerät die Arabische Platte in die Kollisionszone der Kaukasusregion, die seit dem Vergehen des Tethysmeeres konvergierenden Bewegungen unterzogen ist. Hier ändert sich der Chemismus der Magmen durch komplexe Aufschmelzungsprozesse der unterschiedlichen Lithosphärestücken. Eine Vielfalt von Magmenvariationen und Auswurfformen sind vorzufinden, die auf lange Zeitspannen der Genese und Schmelzzentren hinweisen.

Die fruchtbaren vulkanischen Verwitterungsböden jedoch sind für die Menschen von jeher ein Segen gewesen, wenn sie von Niederschlag getränkt wurden. Die Zeit der Ausbrüche lebensbedrohlicher Lava war seit Beginn des Holozäns vorbei und der Mensch besiedelte diese Landfläche ohne Gefahr. Nutzte die guten Ackerböden und verwendete das basaltische Vulkangestein zum Haus- und Straßenbau.

Literatur

DOLGOFF, A. (1996): Physical Geology, Lexington.

JUX, U. OMARA, S.M. (1960): Der geologische Aufbau der Umgebung von Palmyra in Syrien, International Journal of Earth Sciences, Jg. 49, H. 2: 467-486.

KRIENITZ, M.S., HAASE, K.M., MEZGER, K. (2006): Magma genesis and crustal contmination of continental intraplate lavas in northwestern Syria. In: Contrib Mineral Petrol, H. 151: 698-716; DOI 10.1007/s00410-006-0088-1

NIEDEK, I., FRATER, H. (2004): Naturkatastrophen, Heidelberg.

PHILIP, H., KARAKHANIAN, A. (2001): Der Untergang von Behura, Die Suche nach den Spuren einstiger Erdbeben.- In: SPEKTRUM DER WISSENSCHAFT, DOSSIER: Die unruhige Erde. 31-25; Heidelberg.

PICHLER, H., PICHLER, T. (2007): Vulkangebiete der Erde, München.

PICHLER, H. (1988): Einführung. In: SPEKTRUM DER WISSENSCHAFT, VERSTÄNDLICHE FORSCHUNG: Vulkanismus, Naturgewalt, Klimafaktor und kosmische Formkraft.- 7-15; Heidelberg.

SCHECK, F.R., ODENTHAL, J. (2001): Syrien, Hochkultur zwischen Mittelmeer und Arabischer Wüste.- Köln.

Bildanhang (eigene Fotos von Exkursion 09.2008)

Foto 1: explosiver Sekundärvulkan mit angeschnittenen
Tuffablagerungen (Nähe As-Sweida)

Foto 2: Terrassenfeldbau an Hängen aus
basaltischem Vulkangestein

Foto 3: poröses Lavagestein, durch
Entgasung im Abkühlungsprozess

Foto 4: quartäre Ablagerungen mit Basaltischem Vulkangestein
und Ascheablagerungen (südlich von Damaskus)